克里斯蒂娜·舒马赫－施赖伯

曾在德国的明斯特和意大利的贝加莫学习德语和文学，同时为多家报社撰稿，之后在大型歌剧院工作多年。自 2016 年起，她一直是自由撰稿人兼翻译工作者，出版过多部儿童读物，且热爱着她所涉猎的多个领域的创作内容。

克劳蒂亚·里布

在慕尼黑生活和工作。自 2005 年以来，她一直为多家出版机构担任插画师。工作之外的闲暇时光，她喜欢去国外旅行或在水上进行帆板冲浪。

大自然的诗篇

海洋之力

海洋如何提供食物、能源和原材料，并影响气候？

[德] 克里斯蒂娜·舒马赫 - 施赖伯　著

[德] 克劳蒂亚·里布　绘

宋佳露　译

朝華出版社
BLOSSOM PRESS

水，尽在我们眼前。

当我们在海滩上堆沙堡，在海里游泳、乘船旅游，或沿着堤坝骑行时，眼前都是茫茫汪洋。然而，我们所看到的，只是海洋的一小部分。海洋也被称为大洋，其总面积占了地球表面积的70%以上。地球经常被称为"蓝色星球"，因为从太空中观察地球时，海洋广袤无垠，地球主要呈现出蓝色。

我们是在海中
还是在洋中？

不清楚。
但不管是哪儿，
这儿真是太美妙了！

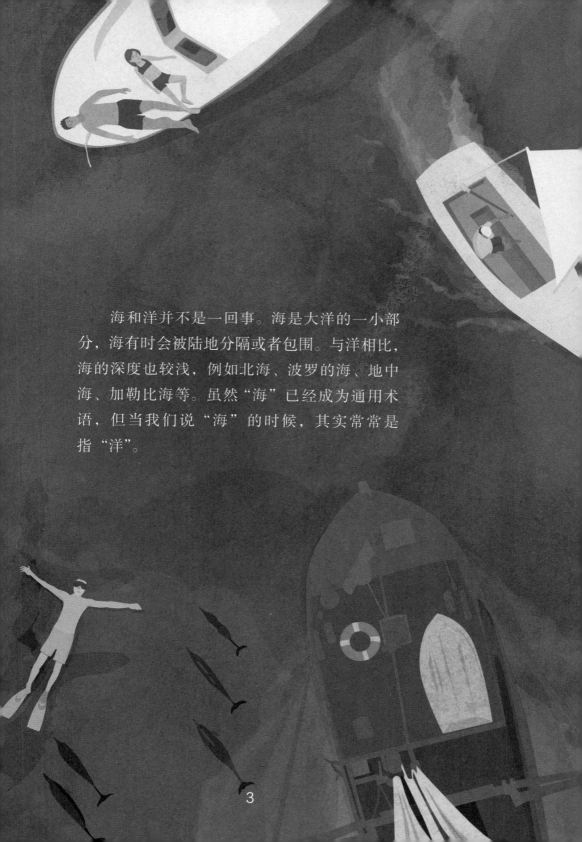

　　海和洋并不是一回事。海是大洋的一小部分，海有时会被陆地分隔或者包围。与洋相比，海的深度也较浅，例如北海、波罗的海、地中海、加勒比海等。虽然"海"已经成为通用术语，但当我们说"海"的时候，其实常常是指"洋"。

北冰洋

北美洲

欧洲

亚洲

太平洋

大西洋

非洲

*马里亚纳海沟

太平洋

南美洲

印度洋

大洋洲

对地球而言，海洋具有不可估量的重要性。

　　海洋为两百多万种动植物提供了生存空间；我们呼吸的氧气有一半以上是由海洋植物产生的。海洋影响着我们的天气和气候，它们为我们提供食物，并将各大洲联系在一起。
　　我们可以通过乘船环游世界，而不需要一次次登陆，因为大洋彼此相连。

太平洋是世界第一大洋，面积几乎占据地球水域面积的一半。同时，它也是最深的海洋。虽然海洋的平均深度约为 4km，但太平洋中马里亚纳海沟某处的深度达到了大约 11km。

大西洋是世界第二大洋，但面积只有太平洋的一半。排在它后面的依次是印度洋、北冰洋和南冰洋。

这下面有垃圾！

马里亚纳海沟

5

大海永远在运动。

　　风吹向水面时，会产生波浪。根据风的强度、来向以及与水面角度的不同，波浪也会出现不同的变化，可能轻拍沙滩，也可能狂野翻腾。

　　有时风会吹动水面，空气和水形成漩涡，产生白色浪花。在强风的作用下，波浪会猛烈冲击海滩。回流的水流也可能产生巨大的力量，带走沙子或岩石。风暴席卷海洋时，有时会使大量海水流向陆地，形成风暴潮，淹没浅海沿岸地区。

　　当海浪冲向海滩时，它们受到海床的阻碍而减速，最终形成了波浪堆积，直至与海滩相遇并回流。

风推动水面，使之形成波峰；重力再次将水拉低，形成波谷。

风

波谷

表面张力

波峰

今天的浪真大。

风暴差不多已经过去了，现在只剩下这些涌浪。

海底地震或火山爆发会使大量的水同时运动，水被推向上方，形成滔天巨浪，向陆地扑去。便形成了海啸。海啸如果突破海岸，可能会深入内陆数公里。

引起潮汐的原因主要来自其他天体。

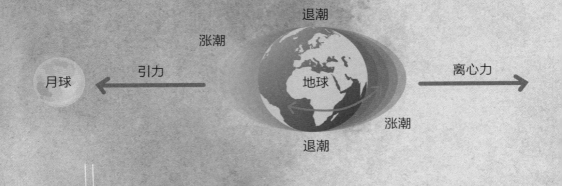

在一些海岸，海水运动非常激烈，这是由于潮汐的变化。

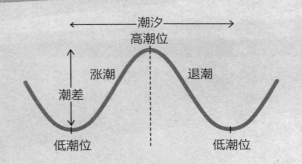

在涨潮时，水位会持续上升，大约 6 小时后达到最高水位。由于海水水位很高，海滩看起来会变窄。在接下来的 6 小时内，海水又回去了，这是退潮。这时，人们就可以在涨潮时海水淹没过的海边漫步，寻找贝壳、螃蟹和沙蚕。退潮后，海水又会积蓄力量继续上涨，再来一次。

芬迪湾

潮差

你可以想象一下，
3小时后这里
将再次充满水。

　　潮汐发生在所有的海洋中，但并非都能被清晰观测到。涨潮和退潮之
间水位的垂直落差被称为潮差。最大的潮差曾发生在加拿大的芬迪湾，有
13米之多。在德国北海海岸，这一差距为 2 至 4 米，在波罗的海只有约
20 厘米。潮差的大小在一定程度上与海洋的面积有关。在浩瀚的大西洋或
者太平洋，水有足够的移动空间。如北海与大西洋充分连通，所以潮汐明
显；波罗的海、地中海几乎完全被陆地包围，海水没有太大的活动空间，
涨潮和退潮没有明显区别。

在海滩上，感受新鲜的海风拂过鼻尖是一件趣事。

有人脚踩冲浪板，在海上追寻完美的海浪；有人驾驶帆船在水面上滑行；小海洋学家们在浅水中捕捉螃蟹或贝类；游泳爱好者则跃进水波之中。

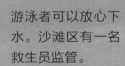

不同旗帜的含义如下：

游泳者可以放心下水。沙滩区有一名救生员监管。

能完全保证自身安全的游泳者才能下水。严禁老人和儿童在海里游泳。

环保沙滩，水质清澈。

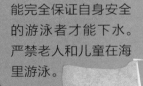

水上运动器材区。禁止游泳。

禁止游泳。

在海里游泳嬉戏并非常态。长久以来，人们害怕风浪。大约 250 年前，英国人发现了海风和海水的好处，渔村逐渐成为度假胜地。只有富人才能负担得起去海岸的旅程开销。人们乘坐着专门的推车进入海中沐浴。此外，沙滩上也设立了男女分开的区域。

为什么偏偏地球上有水？

　　地球是太阳系中唯一有水的行星。这跟地球与太阳的距离有关。如果地球距离太阳很近，地球就会很炎热，水分就会蒸发；如果离得远，水就会结冰。

　　据科学家推测，地球大约形成于46亿年前，当时是个由岩浆组成的炽热球体。后来，大量的岩石、尘土和冰冻的天撞击了地球，这可能就是水出现在地球上的主要原因。由于高温，冰融化形成水蒸气，火山也将水蒸气和其他气体从地球内部带入大气中，它们积聚在地球的大气层中。随着地球越来越冷，水蒸气凝结成水，降雨持续了数千年，直到地表大部分地区被水淹没。

　　今天，大部分海洋都是由这一部分水组成的。

大气层像一个无形的罩子，包围着地球，它由氧气、二氧化碳和水蒸气等不同的气体组成。地球的引力阻止了这些气体外泄至太空，这就是水仍留在地球上的原因。

当水蒸气达到较高、较冷的空气层时，会形成无数小水滴，这些小水滴形成了云。

水循环

当水滴变得足够大和重时，就会下雨。

阳光照射到水面，水受热并蒸发。

在数十亿年的时间里，地球表面发生了变化。大片的陆地（即大陆）从水平面升起，相互合并或推移，形成了我们今天所熟知的大陆和海洋。

海水是咸的。

每个在海里游泳时尝过海水的人都知道这一点。这咸味来自石头和山脉中的盐分。雨水溶解这些地方微小的盐分。盐分通过小溪和河流进入海洋，在海洋中逐渐积累。此外，海底的岩石和火山也会溶解出盐分。

一升海水平均约含有两汤匙盐。

不同地区的盐分含量并不完全相同。例如，地中海的盐分比波罗的海的盐要高。地中海地区温暖，大量的水分蒸发，盐分不会随着水分的蒸发消失，而是留在剩余的水中。在较凉爽的波罗的海地区，蒸发的水较少。此外，该地区降雨频繁，有更多的河流汇入，所以等量海水中含的盐分比较少。

蒸发海水生产盐：人们将海水放入浅水池中，这种被称为"盐场"的浅池大多在温暖的地区，因为那里的水蒸发得特别快，海水蒸发后剩下的便是海盐。人类用海盐调味的历史大约已有 7000 年。

海洋中约含 50 万亿吨的盐。

　　然而，海水不适合饮用，也不能用于工业生产（如冷却水）。因此，一些国家使用淡化技术将海水转化成可饮用淡水以及工业用水。在此过程中，人们通常会添加化学物质来去除水中的盐分。这些化学物质与盐往往一起被排放回海洋。这改变了海水的自然盐度，污染了水域，威胁到了植物和动物的生存。

科学家认为，我们所有人都来自海洋。

依据是在 30 多亿年前，地球上第一个生命诞生于原始海洋。当时在原始海洋中居住着微小而简单的单细胞生物。随着蓝藻细菌的出现，第一个能够将二氧化碳转化为氧气的生物诞生了。如果没有这些微小的有机体，就不会有狗、猫、豚鼠或人类的存在，因为几乎所有动物都需要氧气来呼吸。

* 前寒武纪
细菌，刺细胞动物

石炭纪开始

最早的爬行动物、
森林和沼泽地带

志留纪开始

陆生植物和有颌类
动物出现

寒武纪开始

海生无脊椎
动物

46 亿年前—5.45 亿年前

5.45 亿年前—4.85 亿年前

4.85 亿年前—4.43 亿年前

4.43 亿年前—4.17 亿年前

4.17 亿年前—3.58 亿年前

3.58 亿年前—

陆生脊椎动物
出现

最早的无颌鱼类、
藻类

奥陶纪开始

泥盆纪开始

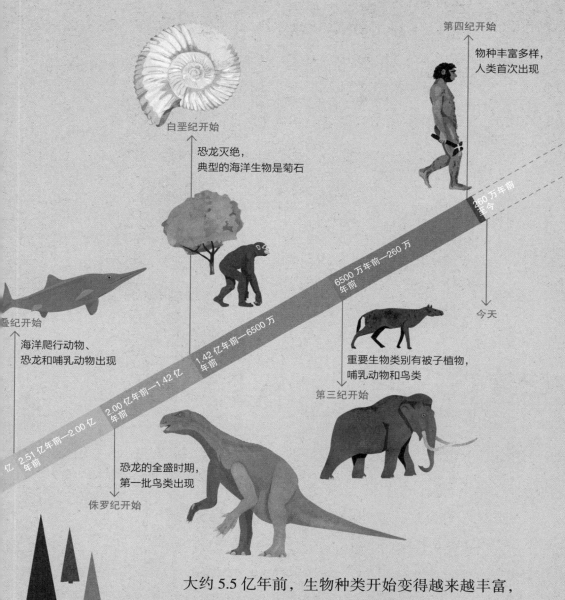

第四纪开始

物种丰富多样，
人类首次出现

白垩纪开始

恐龙灭绝，
典型的海洋生物是菊石

260万年前
至今年前

6500万年前—260万
年前

叠纪开始

海洋爬行动物、
恐龙和哺乳动物出现

1.42亿年前—6500万
年前

今天

2.00亿年前—1.42亿
年前

重要生物类别有被子植物，
哺乳动物和鸟类

亿 2.51亿年前—2.00亿
年前

第三纪开始

恐龙的全盛时期，
第一批鸟类出现

侏罗纪开始

二叠纪开始
演化出四足动物、蕨
类植物和第一批针叶
树，大规模火山喷发
导致恐龙大灭绝

　　大约5.5亿年前，生物种类开始变得越来越丰富，海洋中充满了海绵和水母。2亿年后，第一批动物离开水域，开始在陆地上生活。人类的进化经历了漫长的过程，从爬行动物和鸟类一直到哺乳动物，再到人类的早期形态。大约两百万年前，智人的早期形态出现，随后演化成现代人类。

在自然界中，一切都相互协调。

我们把某个生存空间及所有共同生活在其中的动植物，统称为生态系统。生态系统可以是丛林，也可以是花园里的草地。

海洋是地球上物种最多样化的生态系统之一。所有生命的基础是浮游生物，它们是在海洋水流中漂浮的微小有机体。为了生长，它们需要将二氧化碳转化为氧气，因此制造出了大气中约一半的氧气。此外，浮游生物处于食物链的底端，无数生物以它们为食。

浮游植物

浮游动物

鱼类

珊瑚虫也以浮游生物为食，它们通过捕食水体中的浮游生物获取营养。珊瑚看起来像植物，但其实是生长在一起的固定动物群落，珊瑚虫和水母一样，都属于刺胞动物。它们分泌出钙质，并逐渐形成大型的珊瑚礁，在它们的表面不断有新的珊瑚虫前来定居。珊瑚礁大约只占海底面积的 1%，却有 1/4 的鱼类物种在其中居住。

藻类赋予珊瑚绚丽的色彩

珊瑚礁是除了雨林外，地球环境中最具生物多样性的生态系统之一。

珊瑚为许多鱼类和微小生物提供了产卵和繁殖的庇护所。

海星以苔藓虫、贝壳和藤壶为食。

海葵的触手有毒，只有小丑鱼不受影响，因此小丑鱼可以在这里躲避敌人。

即使远离海洋，人们也能感受到海洋的影响。巨大的洋流和大气环流使热量被重新分配。

赤道附近炎热，因为太阳光几乎垂直照射地面。在北极和南极，太阳光以极小的角度照射地面，没有带来多少热量，因此特别寒冷。海洋和大气层在一定程度上可以调节这些温度差异。

流动的海洋就像一条巨大的传送带，把赤道附近的温暖水流带向极地。在这个过程中，它们将热量释放到空气中，水变得凉爽。冷水比温水密度大，所以会下沉。当温暖的水在海洋表面流动时，深处的冷水则返回赤道。

哇，北欧也有棕榈树！

我穿夹克可能错了。

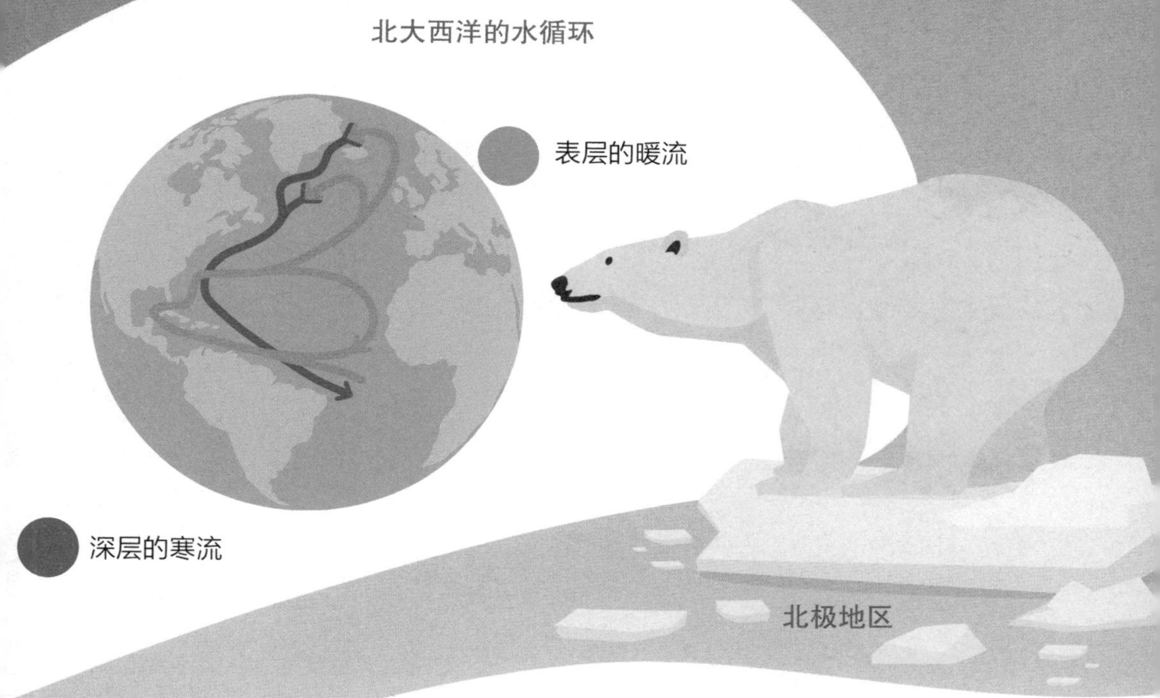

北大西洋的水循环

表层的暖流

深层的寒流

北极地区

气候变化加剧了北极变暖。雪和冰融化后暴露出下面的陆地和海洋，它们受太阳辐射影响变暖。这样，北极与赤道的温差减小，气流发生了变化。冰融化成的淡水与密度较大的盐水混合。这一切都会影响洋流，进而影响天气和气候。

海洋调节着我们的气候。

这是因为海洋能储存二氧化碳和热量。二氧化碳是一种温室气体，它和其他温室气体一起，使部分太阳热量被保留在大气中，这就是所谓的温室效应。如果没有温室效应，地球会变得非常寒冷。然而，人类通过工厂、汽车和飞机等方式不断产生大量温室气体，使地球变得越来越热。这就是人为引起的气候变化。

海洋在一定程度上减缓了气候变化，因为海水吸收了一部分二氧化碳。但现在，海洋吸收的二氧化碳过多，水体发生了化学变化——水的酸性增加了。这对很多生物产生了影响，许多海洋生物的骨骼和石灰质外壳变得越来越薄、越来越脆弱。

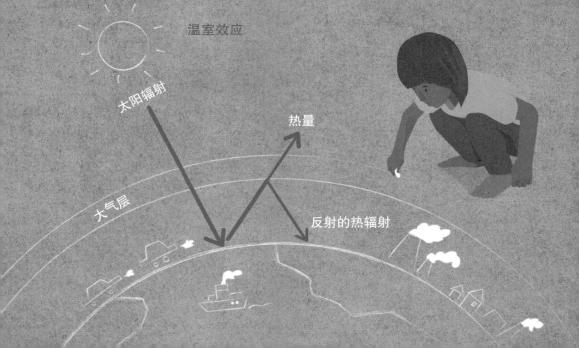

温室效应

太阳辐射

热量

大气层

反射的热辐射

白垩由石灰组成，类似许多生物的外壳或骨骼。如果把白垩放入含有酸的玻璃杯中，会冒泡溶解。

醋

地球表面温度不断上升，海水温度越来越高，这会影响脆弱的生态系统。例如，浮游生物在一些地区数量减少，而在有的地区则过度繁殖；附着在珊瑚上的藻类在温暖环境下会产生毒素，导致珊瑚虫受到伤害甚至死亡；一些鱼类会移居到更凉爽的地区，改变了那些地方的生态系统。

我的冰山
正在消失！

全球海平面正在上升。

　　原因有三：第一，温暖的海水体积巨大，占据了更多空间。第二，两极和山脉冰川融化，越来越多的淡水流入海洋。第三，格陵兰岛和南极洲的冰盖开始融化，冰盖从陆地上滑落到海中破碎并融化。

覆盖着北极和南极的大面积海冰在夏季逐渐减少。这意味着对抗全球变暖的重要防护屏障在变小。冰和雪能够反射阳光，它们对地球起着阻止升温的作用。如果冰大量消失，会暴露出较暗的土地和海洋表面，这些区域不会反射阳光，反而会吸收并储存它们，因此地球会进一步变暖。随着气温升高，更多冰会融化，这就陷入了难以打破的恶性循环。

南极

肯定有很多人愿意住在海边，每天早上吹着海风去上学或上班。其实，全球有数十亿人生活在沿海地区，世界上很多大城市都靠近海洋。

海洋给人们提供了食物，包括鱼类、海鲜和植物。这促进了港口建设，有利于开展国际贸易。此外，海洋还提供了空间。

墨西哥城
2160 万

圣保罗
2170 万

放学啦！

当陆地上的空间不够时，人们便开始往水上迁移。比如尼日利亚的拉各斯。拉各斯是非洲大陆人口最多的城市。越来越多的人从内陆迁移到这里找工作。由于该城市日益拥挤，许多人选择在浅水海岸地区搭建房屋。为了避免被淹，他们把房屋建在木桩上，日常交通则是靠船。

北京
2185 万

东京
3750 万

上海
2560 万

大阪
1920 万

孟买
2010 万

达卡
2030 万

*世界上的部分
超大城市*

威尼斯是建立在许多小岛上的城市，这里的人将部分房屋建在水中。他们将许多木桩钉入水底，使房屋得到坚固的支撑。如今，威尼斯是世界上最著名的水上城市之一。

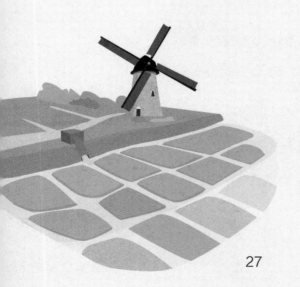

在荷兰，人们抽干海水，以获取修建房屋、开垦农田和牧场所需的空间。北海的浅滩被筑堤围起，人们利用风车将堤内的水抽干，新获得的土地被称为圩（wéi）田。

防浪石

木桩

居住在海边的人们也必须保护自己，

例如筑堤，或者使用防浪石。他们把大型石块放在海岸边，以此削弱海浪的破坏力；或者把木桩打入海底，防止浪冲刷走过多的沙土。

也有一些自然的防波堤：海浪在到达海滩之前，就被珊瑚礁削弱了；在热带海岸，海边生长着红树林，可以减缓海洋风暴和洪水的影响。

然而，由于气候变化，强烈风暴潮越来越频繁。此外，海平面在不断地上升，这意味着未来一些海岸地区将被长期淹没。

科学家们正在努力寻找解决方案，防止数百万人失去家园。在威尼斯，人们可以建高堤坝，保护城市免受高水位海水的侵袭。在有些城市，则可以提高整个街区的地面高度，或者建设隧道和抽水系统用于排水。在荷兰，已经有一些浮动房屋，甚至还有一座浮动农场，它们都可以随着海平面的上升和下降而浮动。

然而，有些国家却无法负担这些措施的费用。不幸的是，这些地方通常正是海平面急剧上升的地区。

现在整个沙滩都浸没在了海里。

那片地必须用挖掘机重新填土。

就在昨天我们还在那里堆沙堡。

29

海上没有明确可见的边界。

海洋到底归属于谁？这个问题在 1982 年由联合国在一份公约中做出了规定，将海洋划分为不同的区域，在公约上签字的国家达 159 个。

大陆架

沿海海域
距离海岸线 2 海里。渔业资源和矿产资源归属于各自的国家，该国制定所有适用的规则。

专属经济区
距离海岸线 200 海里。渔业资源和矿产资源归属于各自的国家。

12 海里

最多 200 海里

有时，国家之间会因这些区域的划分产生争议，
例如两个国家的大陆架相互重叠了；或者它们会讨论
是从大陆还是从邻近岛屿测量海里数等，因为海洋为
各个国家带来了大量的渔业和矿产资源收入。

公海
离岸超过 200 海里。所有国家都可以在此处
捕鱼和航行，但开采矿产资源必须得到联合
国国际海底管理局的批准。

如果大陆架（即陆地在水下延续的部
分）超过 200 海里，那么专属经济区
也可以随之扩展。

最多 350 海里 ➡

1 海里 =1852 米

31

渔钩已经存在一万多年。它们是用蜗牛壳或猛犸的骨头这类东西制成的。

海洋为人类提供食物的历史非常久远。

早在 10 万年前，人们就在靠近海岸的地方，用手或长矛捕捉鱼类和海豹供自己食用。在东南亚的某个岛屿上的一个洞穴中，发现了距今 4 万年的深海鱼的遗骸。这些遗骸表明，人们当时就已经乘坐船只，长途跋涉去捕鱼了。

鱼干

长期以来，人们用捕捉到的鱼类来养活自己和家人。后来，人类开始进行贸易交流。为了能做贸易，鱼需要被长期保存，例如用盐腌。维京人将鳕鱼晾在寒冷的极地空气中风干，曾用船将它们最远送到南部 2000 千米的地方。

从 15 世纪开始，公共海域的海洋渔业和鱼类贸易变得越来越专业化。由多艘渔船组成的船队可以在海上停留数周。19 世纪，人们发明了蒸汽机，船只变得更大、更快，能航行到更远的地方，人们使用巨大的网具，可以在更深的海域捕鱼。

以前，人们只在海岸吃新鲜鱼类。铁路的出现和冷藏技术的发明使得鱼类能够被运输到远离海岸的内陆地区。

鳕鱼

越来越多的人喜欢吃鱼，因为它不仅口感好，而且有利于健康。现如今，全球人口已经超过 80 亿，对于其中大部分人来说，鱼是最重要的食物来源，目前，全球捕捞的鱼类数量已超过 70 年前的四倍。

1950 年，
每年 2000 万吨

目前，
每年 9000 万吨

为此，每天有数百万艘渔船驶向世界各大洋。大约有 1.2 亿人以捕鱼为生，他们要么自己捕鱼，要么在鱼类加工厂工作，要么卖鱼。

如今，许多海洋区域已被认定为过度捕捞区，这意味着被捕捞的鱼类数量，超过了幼鱼出生的数量。

一次可以捕获 500 吨
鱼的大型渔网，相当于 17
个卡车集装箱的容量

　　一些渔船拥有长度为 40 千米的大型
渔网，一次可以捕获 500 吨鱼，相当于 17
个卡车集装箱的容量。这样大的渔网也会
捕捉到许多不应该被捕食的鱼类和海洋生
物。这些所谓的副捕物死后被简单地扔回
海中而导致死亡。

　　为了保护鱼类资源，欧
洲的政治家设定了捕捞配
额。规定了每年可以捕捉每
种鱼类的数量。此外，必须
将副捕物带回岸上出售，以
免它们白白死亡。

　　然而，许多环保人士和科学家
认为捕捞配额不够严格，而且上级部
门很难监督渔民是否能遵守规定。

你可以舒适地坐在码头上，把钓鱼钩放在水中，等待鱼上钩；或者去海边用捕鱼网捕捉海洋生物。如果想通过渔业赚钱，通常要使用一次能捕捞大量鱼类的渔网，但这些大型渔网往往会对生态造成巨大损害。

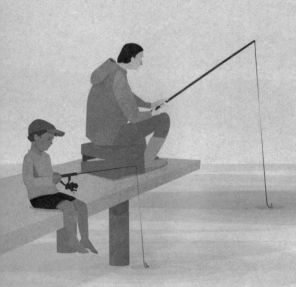

使用所谓的"底层拖网"会捕捉到靠近海床生活的动物，例如比目鱼、鲽鱼或虾。由于拖网在海底滑过时会搅动沉积物，从而破坏许多生物的栖息地，如整片珊瑚礁或海草床可能会被毁掉，搅动海底也会释放二氧化碳。

中上层拖网通常不接触海底，但是它经常会捕获很多副捕物。有时人们会使用网眼粗的网来漏过较小的鱼类，从而减少意外收获。

固定在海床上的网可以捕捉鲱鱼或鳕鱼，但许多小鱼和大型哺乳动物也会被其缠住。海豚是通过声音定位导航的，它们无法察觉到细网，因此会被困住。如果这种渔网是通过水面的浮标固定，则会吸引寻找食物的海鸟，它们也可能被缠住。

延绳上会装有带诱饵的钩子，它们不仅吸引鱼，还会吸引鲸和海龟。

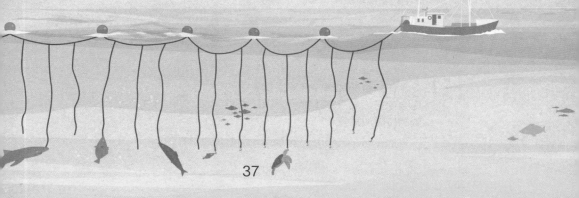

人们从冰柜里拿出鱼条，放在平底锅里煎炸，然后就可以吃了！许多人认为鱼条既方便又美味。但是，它到达我们餐桌的过程却很复杂。

1. 在阿拉斯加湾、俄罗斯或美国的白令海区，船只撒下拖网，捕获大量的阿拉斯加鳕鱼。

2. 这些鱼要么直接在船上被处理，要么被运往附近大陆的工厂加工。有时候，它们还会被运往中国加工。人们先用机器将这些鱼分割、除骨刺，再切成大块冷冻起来，防止它们在长途运输中变质。

3. 几周或几个月后，鱼块抵达德国，在那里被切成小条，裹上面包屑，炸至金黄并包装。不来梅港每天能生产 700 万根鱼条。

4. 冷藏车最终将包装好的鱼条送到超市出售。

我们餐桌上超过一半的鱼来自养殖场。

这些鱼不是远洋捕捞所得，而是被养殖在巨大的近海网箱，比如在斯堪的纳维亚半岛或亚洲就有这种近海网箱。如果没有这种水产养殖方式，全球对鱼类的需求就无法被满足。有时候，水产养殖的方法，也被用于保护受捕捞或气候变化威胁的物种。人们在受保护的环境中养育鱼类，然后再放归自然。

看，一个
养鱼场！

然而，许多水产养殖的鱼类都是食肉鱼，它们以其他鱼类为食。养育1千克鲑鱼需多达7千克的饲料鱼，而人们通常在开放海域捕捞这些饲料鱼，这反而加剧了海洋的过度捕捞。科学家正在研究更可持续的饲料替代品，例如昆虫粉、藻类粉或者豌豆花粉。

由于鱼类是在开放的网箱中养殖，因此，饲料残渣和粪便也会污染周围的环境。此外，为预防疾病而投放在网箱中的药物等化学物质也会流入海洋，最终进入我们的食物链。

很多养殖鱼来自亚洲。建立养殖场会破坏大量沿岸生长的红树林。红树林为无数动植物提供栖息地，并保护陆地免受洪涝灾害的侵袭。

鲑鱼

那么，如果我们想吃鱼，但又想保护环境该怎么办？在水果、蔬菜和肉类方面，我们可以购买有机产品。但在鱼类方面，只有养殖的鱼才有可能成为有机产品。只有这样，我们才能准确地了解鱼是在什么条件下生长的，它吃了什么，接触了哪些化学物质等。然而，养殖鱼也有一些缺点，比如污染周围的海水等。

不含添加剂的饲料

大型池塘

不含药物等化学物质

我们即使要购买野生鱼，也可以注意环保标志。有很多标志表明这些鱼来自尚未被过度捕捞的水域，并且在捕捞过程中保护了环境。然而，环保人士认为这些标志还不够严格，比如渔民有时仍可能使用破坏海底的渔网，或捕捞了过多副捕物。因此，一些环保组织会提供自己的"鱼类指南"，其中包含有关最受欢迎的鱼类的重要信息。

我们可以像利用陆地上的田地和农场一样，利用海洋来种植食物。

海藻营养丰富，有利于健康，是一种常见的食品，甚至可以用于制药。在亚洲，人们不仅采收野生海藻，还专门养殖它。近年来，海藻养殖在欧洲也越来越流行。

许多科学家认为：海藻可以帮助养活不断增长的全球人口。因为在同样的土地面积上，与陆地上种植植物相比，养殖海藻可以得到40倍的食物产量。海藻不需要施肥，而且生长速度很快，可以频繁地收割。

不仅如此，海藻还具备强大的适应气候变化的能力。在陆地上，人们往往需要砍伐森林来开垦农田，这导致我们失去了重要的树木，这些树木本可以吸收空气中的二氧化碳。此外，海藻生长速度快，自己也消耗大量二氧化碳。

人们还有更多利用海藻保护环境的想法：利用海藻发电，或者制作汽车和飞机的燃料。

45

位置：使用十字杆，船员可以通过观测正午太阳位置和地平线之间的角度，来确定船所在位置的纬度。

方向：早期的航海者利用总是指向北方的磁针，制成罗盘进行定位。

要在何时何地，才能发现下一片大陆呢？

早期的航海者通常对此一无所知。尽管如此，他们仍努力在海上确定方位。在古代，船只要么沿着海岸航行，要么根据太阳、月亮和星星的位置确定方向。航海者记录他们的经验，以便后来的旅行者参考。从 13 世纪开始，这些记录演变成了最早的简单航海图。随着时间的推移，人们开发出技术工具来确定船的方向、速度和位置。根据这三项数据，人们可以较为准确地定位。

速度：记录船速的日志是由一块木板和一根固定在其上的绳子组成，该绳子上打着等距离的结。木板用铅锤吊着，这样它被投入水中后能保持在原地。通过观察航行时的绳子，船员可以计算出船行驶的速度。绳子上的结有助于计算船速，所以至今在海上测量速度时还使用"节"这个单位。一节指一海里每小时，而一海里约等于 1.85 千米。

标有科西嘉岛、撒丁岛和西西里岛的 14 世纪的航海地图

几千年前，人们就开始进行航海。古埃及人和古希腊人在海上开辟了新的贸易航线，维京人在抢劫掠夺的过程中，航行了上万里。中世纪时，北海和波罗的海的城市联合建立了强大的贸易联盟——汉萨同盟，而航海家克里斯托弗·哥伦布则发现了新大陆。

埃及

克里斯托弗·哥伦布

维京人

圣玛利亚

47

如今，人们在配备有大量仪器设备的舰桥旁控制船只。因为设备可能会出故障，所以最重要的设备通常会有备用设备。

通过电子海图规划航线。

罗盘显示船只的行进方向。

操纵舵轮，便可改变航向。

通过无线电设备，可以与其他船只或陆地联系。

在船外，灯塔以及像浮标、灯船这样的浮动航标
能帮助船只定位。

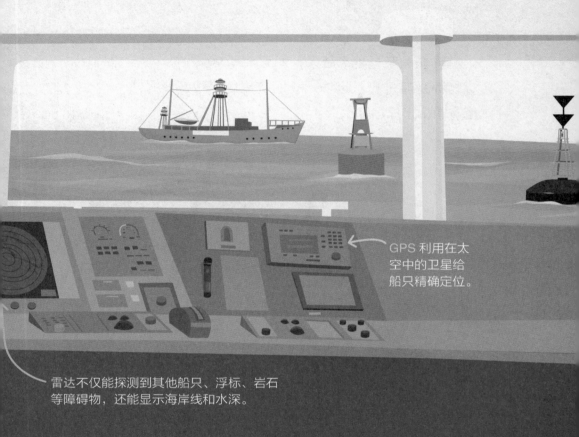

GPS 利用在太
空中的卫星给
船只精确定位。

雷达不仅能探测到其他船只、浮标、岩石
等障碍物，还能显示海岸线和水深。

　　尽管有这些技术，驾驶船只仍然非常复杂。
这需要长时间的训练和丰富的经验。驾驶大型
船只需要整个团队的支持。航海员会在导航时
辅助船长。当船驶入港口时，会有熟悉该航区
的引航员登上该船。

人们现今仍利用海洋进行贸易或观光。

现在的船只越来越大，每天全球90%的货物都是通过船只运输。有的货船的甲板甚至有四个足球场那么大。

商品被装在标准尺寸的钢质集装箱中。这种集装箱既可以堆放在全球各地的货船上，也可以存储在任何港口，还可以装上卡车、火车继续运输。每年大约有1.8亿个集装箱的货物是通过海洋运输的。其中约四分之一是在世界上集装箱吞吐量最大的港口——上海进行转运。

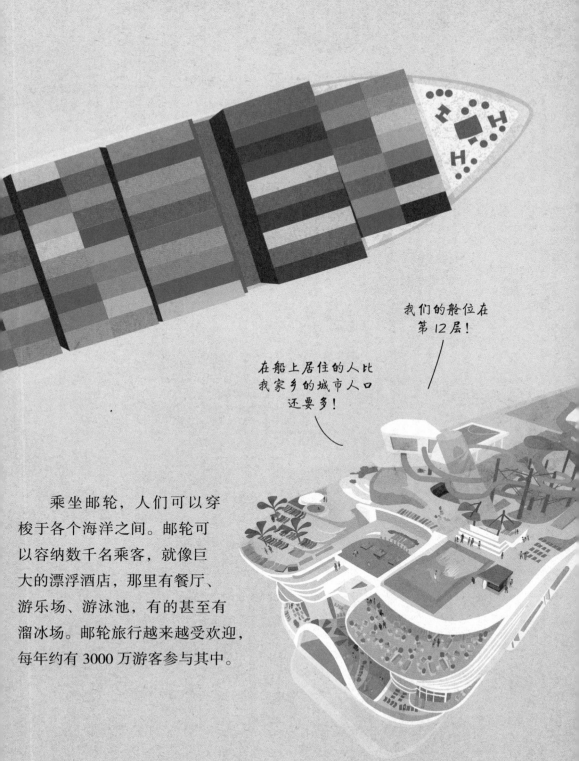

我们的舱位在
第12层！

在船上居住的人比
我家乡的城市人口
还要多！

乘坐邮轮，人们可以穿
梭于各个海洋之间。邮轮可
以容纳数千名乘客，就像巨
大的漂浮酒店，那里有餐厅、
游乐场、游泳池，有的甚至有
溜冰场。邮轮旅行越来越受欢迎，
每年约有3000万游客参与其中。

51

船可以一次性运载大量货物或人员，因此可能会被有些人误以为是更环保的交通工具。例如，货船每运输一吨货物，排放的二氧化碳比一辆卡车少得多。然而，船使用重油作为动力源，仍然会排放硫氧化物、煤烟等，从而严重污染环境。甚至在北极的冰中，也可以找到船舶排放的煤烟颗粒。这些颗粒会导致雪变黑，在阳光下更容易融化。

每运送一吨货物一千米，轮船排放约 15 克二氧化碳，而卡车排放约 50 克。然而，用于驱动船只的重油中的硫含量，却是卡车中柴油的 3500 倍。

　　在大型港口城市，由于有许多船只停靠，当地的空气和水质通常会特别差。因此，人们正在努力从陆地为船只供电，减少船只在港口使用引擎的时间和频率。此外，人们还在寻找替代动力方案，例如使用环保燃料，或用更多的帆。

船只产生的噪声对野生动物来说是个问题。船只的噪声在水面上和水下都可以听到，会对鸟、鱼、鲸、海豹等动物造成干扰。许多动物利用声音来定位、寻找食物或保护自己免受敌人侵害。如果所处环境中存在大量噪声，它们这些行为可能会受到限制。

有噪声干扰！

嘘！

许多动物像瞎眼的乘客一样，
跟随船只进入陌生地区。

　　这可能对当地海洋生物造成危害。货船为了在水中保持稳定，需要足够大的质量。在目的港卸载货柜时，船会灌入海水，以便在返航时代替货柜的重量。在这种所谓的压载水中，漂浮着无数的生物，它们随着船只一起旅行。在回到母港或途中时，含有"动物乘客"的压载水会再次被排放出去。

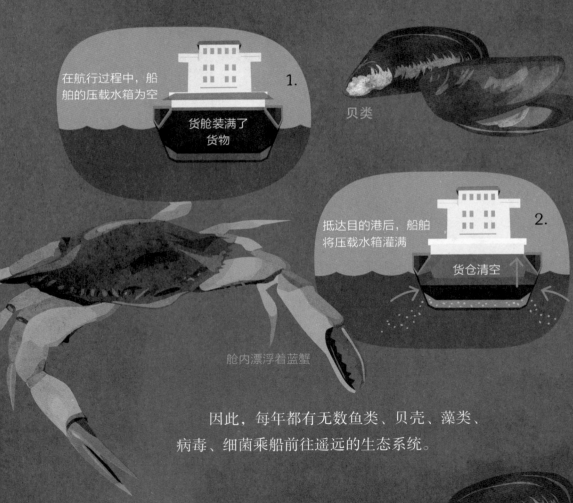

在航行过程中，船舶的压载水箱为空

1.

货舱装满了货物

贝类

抵达目的港后，船舶将压载水箱灌满

2.

货仓清空

舱内漂浮着蓝蟹

　　因此，每年都有无数鱼类、贝壳、藻类、病毒、细菌乘船前往遥远的生态系统。

这些外来物种发现，这里居然与家乡气候条件类似！随着气候变化和海洋变暖，气候相似的情况变得越来越常见。但这些生物仍会干扰当地生物原有的和谐共存状态。例如，如果缺少自然捕食者，外来物种可能会大量繁殖，排挤本地物种。

返程中
压载水箱
装满

空的货仓

3.

为了防止物种入侵，在未来，人们必须在船上处理压载水，将水中生物数量尽量保持在最小范围内。这可以通过机械过滤、紫外线照射或添加化学物品等方法实现。

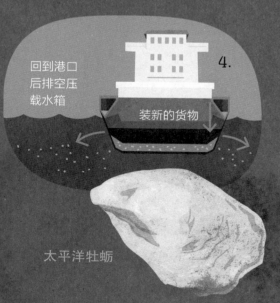

回到港口
后排空压
载水箱

装新的货物

4.

太平洋牡蛎

人们根据自身需求改造了海洋。

为了缩短航程，人们打通了纵横交错的航道。比如总长约 82 千米的巴拿马运河，它连接了大西洋和太平洋；总长 160 多千米的苏伊士运河，它穿过埃及，沟通了印度洋和北大西洋。有了这些航道，船只不再需要绕过整个南美洲或非洲，就能从一个海洋到达另一个海洋。随着轮船越来越庞大，原先的这些航道有时就显得狭窄。因此，人们又必须扩建运河。

太平洋

巴拿马运河

大西洋

船闸

还能减少温室气体排放！

船只如果不需要绕行，就能节省很多时间！

易北河

北海 - 波罗的海运河

在德国，北海 - 波罗的海运河连接了北海的出海口和波罗的海的基尔湾。原本 460 千米的航程，现在只需要航行 100 千米便可到达。

地中海

苏伊士运河

印度洋

装载集装箱的"长赐号"货轮曾在苏伊士运河搁浅，数百艘船只无法继续航行，全球贸易受到了干扰。经过六天的努力，拖船才最终将"长赐号"拖走。

为了让船只进入汉堡港口，来自北海的船只必须沿着易北河航行一段距离。为了适应日益增大的船只，易北河被挖掘得越来越深。浅滩地带因此被破坏，一些鱼类和鸟类失去了觅食地。从易北河中挖掘出的淤泥被大型船只排放到北海中，然而，河口的吸力导致淤泥总是回流，人们只能不断挖出淤泥，河水也因此变得浑浊。水中的含氧量也随之降低，因为河床上的植物需要光线才能将二氧化碳转化为氧气。

抽沙船

沙子被广泛使用

手机、化妆品、牙膏，甚至食品中都含有沙子。例如，在袋装磨碎的奶酪中添加沙子，可以防止它结块。但沙子最主要还是用于建造房屋与道路。

随着世界人口的增多，房屋变得越来越多，楼房建得越来越高大，建筑活动也越来越多。为此，人们需要用到大量的混凝土，而它的主要成分就是沙子。过去20年，沙子的需求量增加了两倍，每年消耗量高达400亿至500亿吨。大部分沙子来自河流和海洋，因为它们特别适合制造混凝土。这些沙粒比被风磨平的沙漠沙粒更为尖锐，更容易黏合在一起。

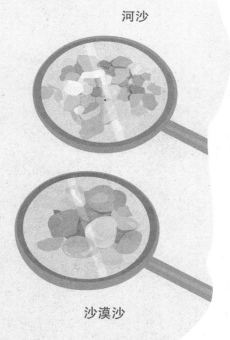

河沙

沙漠沙

　　沙子的形成需要数百万年时间。山上的岩石被雨水和风侵蚀和风化。形成越来越小的颗粒。它们被河流冲刷进海洋，并由水流、波浪和海浪进一步冲刷，直到成为微小的沙粒。另外，海洋中还有贝壳和礁石的碎渣。我们从海底开采沙子的速度，远远超过了自然补给的速度。为了获取可售卖的沙子，人们利用大型的挖掘机将沙滩上的沙子铲走，或者从海底抽取沙子。在这个过程中，很多动物（如螃蟹）的栖息地遭到了破坏。而且，如果海滩和沙丘消失，沿海地区将在发生海洋灾害时失去保护。

海底蕴藏着丰富无穷的原材料。

我们开采石油和天然气是为了获取能源。汽车使用的燃料从石油中提取而来，大多数供暖系统则燃烧天然气和煤。这些原材料深藏在地下，由腐烂的动植物经过数百万年形成。每年开采的石油和天然气，有三分之一来自海底。

特洛 A，请回答。
这里是编号 TKB，
我们即将抵达目标区域。

在巨大的人造岛屿上，为了获得石油或天然气，人们通常利用钻探技术深入海底数百米，甚至数千米。一旦钻探到石油，就会把它抽送至地表，然后储存在储罐中并加工，最后经由油轮和 LNG 船带走，或者通过数千米长的管道输送至陆地。

盖层

天然气

石油

60

世界上最大的钻井平台

特洛 A 钻井平台，重 120 万吨，高 472 米，比许多摩天大楼还高，距离挪威海岸约 100 千米。

建造钻井平台需要搭建钢铁结构，这容易产生巨大的噪声。仅此一点就足以给海洋生态系统带来巨大破坏。石油净化过程中会产生废弃物，这些废弃物又会被排入海中。像钻孔泄漏、管道破裂或油轮事故等意外事件，都可能导致石油泄漏到海中。泄露的石油像巨大的地毯覆盖在海面上，它毒害海洋生物，使鸟的羽毛粘在一起无法飞行。大自然需要很多年，才能从这种石油泄漏的影响中恢复过来。

重吊船

天然气和石油经由巨大的输送管道从海洋流进陆地，或者从一个国家运输到另一个国家。

计划建设新管道时，工作人员首先必须对海底进行调查，确定管道的准确走向，检查途中是否有岩石、沉船或者二战时期的炸弹等障碍物。如果有障碍物，就需要清理障碍物或者调整管道路径。

这些管道通常由特别坚固的钢制成，外部还覆盖着一层混凝土。这样，管道就能稳稳地固定在海底，不会被海浪、风暴潮或地震影响。

如何修补漏洞？

在管道铺设的最终阶段，专业人员会采用铺设船进行作业。首先，在铺设船上，技术人员将管道焊接在一起，然后通过一种类似于传送带的方式将它们投入水中。

1.

从船上放下干式舱（一种类似于迷你工作室的设施），让它沉降到需要维修的位置。专业人员潜入水中。

将干式舱固定，密封并抽干水分。此时，它的内部是干燥的，潜水员须爬进去。

2.

为了封堵泄漏口，在泄漏口上方围绕管道放置环形材料。

3.

然而，环保人士对建设管道的做法提出了批评。在铺设管道的过程中，海底会被扰动，同时噪声也会打扰周围的生物。如果管道泄漏，就必须进行修复，因为不能让石油或天然气泄漏。这种修复工作复杂且耗时，而且必须在水下设立工作舱，潜水员才可以在管道旁工作。

之后再在材料上面加固一层护套，这样管道就重新得以密封。如果这项工作需要数天时间，潜水员在此期间就会待在一个减压舱内。

4.

5.

之后，干式舱将再次浮起，并被拖回到船上。潜水员通常会仔细检查已修复的部位。浮出水面可能需要数个小时，因为潜水员的身体需要慢慢适应逐渐降低的压力。

锰结核

　　我们在日常生活中会遇到各种金属，比如钴、镍、铜等。它们存在于笔记本电脑、手机或电池中。这些金属较为稀少，但人们对它们的需求却在不断增加，因此有人考虑在深海中开采它们。在平均五千米深度的海底有着许多锰结核，它们富含珍贵的金属。锰结核由微小的碎片形成，比如沉积了金属的贝壳或小石块。它们是真正的宝藏！

　　科学家正在研究锰结核的开采对环境的影响。可以肯定的是，任何形式的开采都会对海底生态系统造成破坏。多金属结核本身是各种生物的栖息地。此外，开采多金属结核会对海床造成巨大破坏，海洋可能需要数百年才能恢复。锰结核的再生长并不容易，形成 1 厘米至少需要一百万年。

科学家还在研究是否能利用黑烟囱为人们提供稀有金属。黑烟囱位于深海海底，类似于烟囱，可以将地球内部的宝贵资源向上输送。但问题是，这里的液体温度高达400摄氏度，极其炽热！

黑烟囱

互联网信息通过海底电缆传输。

我们在搜索概念、观看视频或者浏览网页时，可以在几秒钟内获得来自全世界的数据，但这些数据不是凭空出现的！通过无数的电缆，各个国家的计算机、平板电脑、手机与收集和分发信息的服务器产生连接。这些电缆穿越各大海洋，长达上万千米。几乎所有国家的互联网通信都是通过海底电缆实现的。

全球超过 90% 的数据
通过深海电缆传输！

电子数据首先被转换成光脉
冲，然后通过嵌入在电缆中的光纤在全
球范围内传输。光纤很容易破裂，比如被锚
或渔民破坏。如果某条电缆出现故障，数据
一般可以通过其他电缆绕道传输。但是有时
会出现这种情况：局部地区甚至整个国家都
会断网，直到电缆被完全修复为止。

我们需要环保的发电方法。

如果我们能够利用水、阳光和风来发电，就不必燃烧石油或天然气，这样能减少很多温室气体的排放。

我们也可以利用海洋获取能源。潮汐的变化形成了强大的洋流。在过去，人们利用洋流推动水车，水车再驱动磨石或抽水机械。如今，人们可以利用水流的运动产生电力，潮汐发电站就是一个例子。

潮汐发电站利用安装了涡轮机的堤坝发电。堤坝将海洋区域划分成储水湖。涨潮时，水通过涡轮机流入储水湖，退潮时，再通过涡轮机流出。涡轮机带动发电机产生电力。潮汐发电站所需的涨落潮差非常大，因此全世界范围内只适合在少数沿海地区建设，比如法国。而建造水坝会对自然环境造成巨大的破坏。

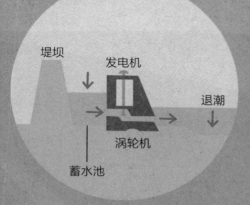

堤坝

发电机

退潮

涡轮机

蓄水池

潮汐发电站
是如何运作的？

涨潮

因此，科学家正在开发更加环保地利用潮汐能的方法。有一种潮汐发电站，它的涡轮机直接暴露在水中，几乎不会对自然环境造成影响，但也会产生大量的水下噪声。

风能也可以转化为其他能源。由于海域风力较强，人们将巨大的风力发电机建在海上发电。目前，在德国的北海和波罗的海，已经约有1500座这样的风力发电设施，且有望继续增加。

建设所谓的海上风电场会严重干扰海洋生物和鸟类。但风电场一旦建成，它对周围环境也会产生积极的影响。研究发现，风电场区域的物种多样性甚至会提高。被建筑噪声赶走的动物在施工结束后通常会回归。此外，风力发电机底部大大小小的石块形成了人工礁石，会吸引许多生物来此定居。由于风电场区域禁止捕鱼和航行，动植物可以在这里自由生长。

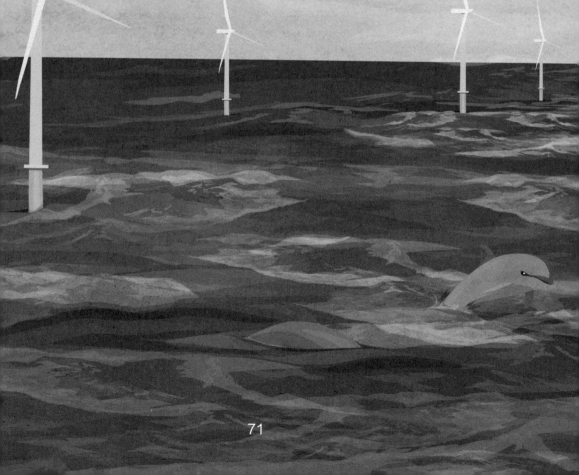

我们到处都能看见塑料——塑料袋、包装袋、塑料瓶子或塑料玩具。每年大约有 2000 万吨塑料垃圾进入海洋，这相当于每分钟倾倒两卡车的垃圾。

　　现在，海洋中漂浮的塑料垃圾数量庞大，甚至形成了垃圾岛。我们现在知道五个这样巨大的塑料垃圾区域，其中最大的位于太平洋，大约有四个德国这么大，而这些只是漂浮在水面上的塑料。许多塑料是在海水深处或海底。

　　海鸟和海洋生物会被塑料垃圾缠绕，或将其误认为食物。它们无法消化这些塑料，因此胃里始终充满了塑料，而没有空间消化真正的食物。

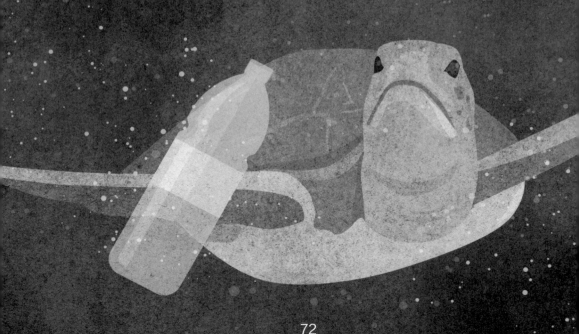

　　一些海洋里漂浮的塑料，也来自我们的家庭。我们随意丢弃的垃圾，通过雨水或风，可能会直接进入海洋，也可能进入河流后间接流入海洋。我们正确投进蓝色垃圾桶的塑料，只有一半左右被回收或焚烧，其余一半会被运送到其他国家进行再加工，但最终往往又回到了大自然中。

　　此外，航运也会产生大量的垃圾。例如，捕鱼船队经常丢弃塑料拖网。航运也会产生除塑料以外的垃圾，例如在某些情况下，人们也允许船只将特定类型的垃圾倒进海洋。

海洋中其实还有更多的塑料，只是我们看不见而已。塑料不会腐烂，只会在海浪和阳光作用下逐渐分解成更小的颗粒，即所谓的微塑料。此外，我们的洗发水、乳液、清洁剂或衣物中也含有微塑料，它们在洗涤时会进入污水中，最终流入海洋。微塑料甚至也通过汽车轮胎或鞋底的磨损产生，最终进入海洋。

曾有艘船出海远航，
它的名字叫
比利奥蒂……

如何才能避免
产生塑料和微
塑料呢?

玻璃和
陶瓷容器

固体
洗发水

竹制牙刷

固体肥皂

布质装衣袋

玻璃装的
牙膏

对珊瑚礁
无害的防晒霜

含醋精的
清洁剂

目前,几乎在所有海洋和海洋生物中都
可以检测到微塑料。我们食用这些动物时,
微塑料也会进入我们的身体。

过量的营养对生物有害。

生物需要营养，但富营养化会破坏整个生态系统。

当水中的氮或磷的含量过高时，浮游生物和其他藻类就会在水面上大量生长，导致阳光无法穿透。而像海草等植物需要光才能生存。

随着时间的推移，这些藻类将最终死亡，沉入海底。它们会被细菌分解，从而消耗大量氧气。极端情况下，海洋中会没有氧气，生物因此无法生存。这时就形成了所谓的死亡地带。

氮主要来自农业，它存留在动物的排泄物当中，常被用作农田的肥料。氮肥的一部分会被植物吸收，剩下的则通过地下水流入河流和海洋。交通和工业也会释放大量的氮。汽油或煤炭燃烧时会产生氮氧化物，它们通过尘埃和雨水进入海洋。

磷酸盐同样是肥料的一种，许多年来，通过生活用水的排放进入河流和海洋。现在，我们的洗衣剂和洗碗剂都不允许再含有磷酸盐。

如今，北海和波罗的海中的氮和磷酸盐含量已经不像几十年前那样多了，因为我们拥有了现代化的污水处理厂，以及更好的洗涤剂和肥料。这样，海草可以恢复生长，这非常重要，因为它们为无数物种提供了栖息地。此外，它们保护沿海地区，防止沙滩被海水侵蚀，充当了天然的防波堤。

衣服变干净，但不能污染水。

咳嗽、头痛或发烧时，
我们可以服用药物。

对于重病患者来说，药物可能是维持生命所需。但对于海洋动植物来说，少量的药物也可能有毒。

我们服用药物后，其中一部分药物会通过排泄物排出体外，并被冲入下水道。由于污水处理厂无法过滤所有物质，所以一些有害化学物质会随着废水进入小溪、河流，最终进入海洋。倘若我们没有妥善处理药物，而是将它们倒入水槽或马桶中，也会发生同样的情况。

此外，动物养殖过程中产生的药物残留也是问题所在。因为猪和牛也会生病，大量聚居在狭小空间的动物更容易患病。对此，人们会将抗生素加入到动物的饲料中，以预防它们生病。

水样采集

有好多止痛药的残留物啊！

居住地不同，人们处置药品残留物的方式也不一样。

药店

其他垃圾

有害物品收集处

化学物质正在伤害海洋生物。它们可能对鱼类的器官造成损害，使之生长过于迅速或迟缓，甚至影响它们的发育。海洋中混合着各种不同的药物成分，人们很难确定哪种化学物质会产生哪种后果。对此，研究人员正在努力寻找解决问题的办法。

港口区

深海

沿海水域

瓦登海是一个受到潮汐影响的地区，这里生活着一万多种生物。

法律应该保护海洋

蛎鹬

政治家可以设立海洋保护区，制定规则，例如禁止捕捞濒危物种或使用有害渔网。然而，许多国家只关心自己的海域，对不属于任何国家的巨大海域漠不关心，那里的渔业和航运都没有受到监管。因此，目前只有大约7％的海洋处于自然保护之下。

此外，环保人士认为现有的规则还不够完善。在许多海洋保护区，过度捕捞或石油开采仍被允许。我们需要更严格的指导方针和更多的监管措施。

沙蚕可以疏松土壤，每只沙蚕每年能处理约25kg的土壤。它们为土壤补充氧气，并将营养物质带到表面。

数百万候鸟在这里中途歇息。

黑雁

鸟蛤是重要的物种，它们能够过滤海水。因此，德国禁止捕捞鸟蛤。

80

德国有近一半的海域受到保护，瓦登海占其中很大部分，它自 2009 年起被联合国教科文组织列为世界遗产。德国、荷兰和丹麦共同关注和保护着这一地区。

如果不能继续捕鱼了，我该怎么生存？

如果某天没有鱼了，你该怎么生存？

海豹曾经濒临灭绝，如今不再遭到捕猎，该物种的数量已经大大地增加了。

琵鹭

三趾鹬

人们必须了解海洋，才能更好地保护它。

海洋学家、海洋生物学家、化学家和地质学家都在研究海洋。他们关注水、海冰、植物、动物和海底，有时会在研究船上进行长达数周的调查。

虽然研究人员希望保护渔业资源，但有时他们也不得不捕鱼。因为只有这样，他们才能了解动物的状况，比如它们有多大、多重，是否患有特定的疾病，在特定区域生活的同类物种数量是多少等。

在实验室里，他们会研究水样，例如检测海水是否酸化或受到污染，是否含有足够的氧气等。

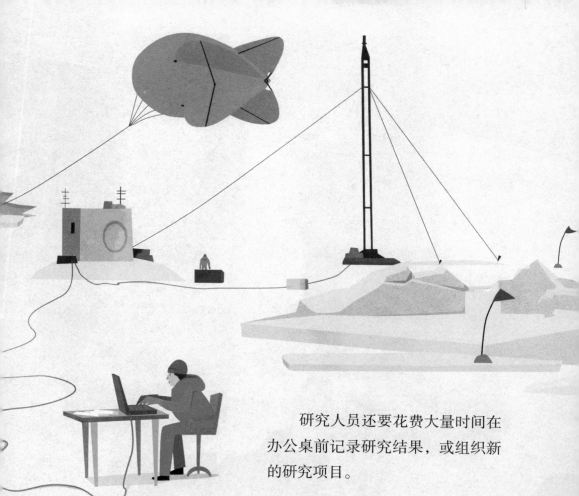

研究人员还要花费大量时间在办公桌前记录研究结果，或组织新的研究项目。

海底和冰层能为人们提供过去的信息。海水中，死去的动植物残骸、沙子、石头持续地沉降，逐层堆积。人们利用大型管道采集海底的土壤样品，通过研究不同层次的土壤，了解过去在海洋中生活过的生物种类和数量，以及当时的海水盐度和温度。人们从无数雪层积压而形成的冰层中钻取核心样品，它里面的气孔蕴藏了数千年前的气候信息。

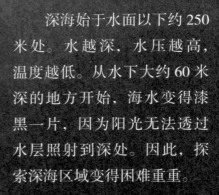

人类对深海的了解程度甚至低于对月球的了解程度。只有大约5%的深海被探索过。许多科学家认为，深海中可能存在数百万未被发现的物种。

深海始于水面以下约250米处。水越深，水压越高，温度越低。从水下大约60米深的地方开始，海水变得漆黑一片，因为阳光无法透过水层照射到深处。因此，探索深海区域变得困难重重。

1000 米

柯氏喙鲸是潜水最深的
哺乳动物：
2900 米。

2000 米

3000 米

深海蠕虫

在过去几十年里，技术的发展推动
了深海研究。研究人员使用小型潜水艇帮
助他们自己进入深海。他们通常还会使用
特殊的机器人，为它配备摄像头和测量仪
器，用于海底研究。在这个过程中，深海
研究人员经常能发现未知的生物。

4000 米

海参

5000 米

6000 米

小飞象章鱼的
潜水深度：

7000 米

哇，我从来没有见过
这种动物！

可能是未知的
新物种。

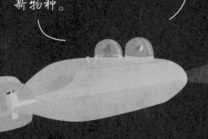

8000 米

9000 米

10000 米

世界上最深的地方：

约 11000 米

保护海洋，
每个人都可以。

食用精选鱼类，
应对过度捕捞。

多骑车，少开车；
多吃本地蔬菜，少吃肉；
多穿毛衣，少开暖气。
减少温室气体排放，
保护气候和海洋。

洗涤和清洁时使
用环保产品，尽量避
免使用会产生微塑料
的产品。

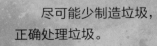

尽可能少制造垃圾，
正确处理垃圾。

86

为实现这些目标，我们需要进行大规模的变革。以下是一些可能的途径：

生产产品时主要使用本地原材料，减少需要跨越大洋的运输。

企业避免使用从海洋开采的原材料。

扩大海洋保护区的范围。

在渔业中实行严□的捕捞配额制度，□使用对海洋生物和□物无害的渔网。

充分利用阳光、风或水等可再生能源。

轮船采用环保的动力源，人们采取进一步措施保护海洋生物。例如，在特定地区减速航行，或者在港口将垃圾交给专业机构处理。

划定更大的海洋保护区，限制人类活动，如禁止捕捞和资源开采，以保护自然生态系统。

我们需要健康的海洋。

健康的海洋有助于限制气候变化，能为无数生物提供家园，为人类提供食物和氧气，甚至还可以改善我们的身心健康情况：在海边我们能放松身心，海边咸涩的空气对我们有益，广阔的海面景色能平静思绪，海浪声还可能减轻我们的伤痛感。

为了让海洋生态得到恢复，各国政治家和科学家需要共同努力。联合国曾宣布了"海洋十年"计划。在为期十年的时间里，世界各地的人民将共同努力，一起深入有关海洋问题的研究，提高海洋问题的关注度，优化保护海洋的解决方案。

每个靠近海岸线的地方，都有致力于保护海洋的人们。而我们在家庭、学校、城市中所做的一切也都至关重要！

著作权合同登记号 01-2024-0951

Original Title: Wir Menschen und das Meer
Wie die Ozeane Nahrung, Strom und Rohstoffe liefern und das Klima beeinflussen
Translation by Song Jialu
Copyright © 2022 Beltz & Gelberg
in the publishing group Beltz – Weinheim Basel

图书在版编目（CIP）数据

海洋之力：海洋如何提供食物、能源和原材料，并影响气候？/（德）克里斯蒂娜·舒马赫–施赖伯著；（德）克劳蒂亚·里布绘；宋佳露译 . -- 北京：朝华出版社，2024.4
（大自然的诗篇）
ISBN 978-7-5054-5463-7

Ⅰ . ①海… Ⅱ . ①克… ②克… ③宋… Ⅲ . ①人类—关系—海洋—青少年读物 Ⅳ . ① P7-49

中国国家版本馆 CIP 数据核字（2024）第 065127 号

审图号：GS 京（2024）0547 号
本书插图系原文原图

海洋之力——海洋如何提供食物、能源和原材料，并影响气候？

作　　者　［德］克里斯蒂娜·舒马赫 – 施赖伯
绘　　者　［德］克劳蒂亚·里布
译　　者　宋佳露

选题策划　王晓丹
责任编辑　徐建松　　王晓丹
特约编辑　乔　熙
责任印制　陆竞赢　崔　航
封面设计　雷双华
排版制作　步步赢图文

出版发行　朝华出版社
社　　址　北京市西城区百万庄大街 24 号　　　　邮政编码　100037
订购电话　（010）68996522
传　　真　（010）88415258（发行部）
联系版权　zhbq@cicg.org.cn
网　　址　http://zhcb.cicg.org.cn
印　　刷　北京侨友印刷有限公司
经　　销　全国新华书店
开　　本　710mm×960mm　1/16　　　　　　　　字　　数　86 千字
印　　张　6
版　　次　2024 年 4 月第 1 版　2024 年 4 月第 1 次印刷
装　　别　平
书　　号　ISBN 978-7-5054-5463-7
定　　价　42.00 元